監修 浅利美鈴

ごみゼロ大作戦!

⑥ リサイクル

めざせ！
Rの達人
アールの
たつじん

はじめに

　「リデュース」「リユース」「リサイクル」の3R(スリーアール)のなかで、いちばん有名なのは「リサイクル」でしょう。

　よく耳にすることばですし、「エコなくらしといえばリサイクル！」というようなイメージもあると思います。ですが、みなさん自身にできることは、(リサイクル工場などではたらかないかぎり)リサイクルそのものではなく、うまくリサイクルできるように「分別」することです。

　この分別、かんたんなようで、じつはけっこうむずかしくて、わたしもよくまよったり、まちがえたりします。そこで、この本で、正しい分別をするためのヒントを学んで、達人になっていただきたいと思います。

　最初に、わたしから達人になるための技をお伝えしておきましょう。

◎**達人技その1**
「**すてるものがどんな素材でできているか知る！**」

　これもかんたんなようでけっこうむずかしいことがあります。

　たとえば、ポテトチップスのふくろ。プラスチックのようで、アルミのようでもあります。このようなものは、ふくろに素材のマークがプリントされていますので、参考にしましょう。

◎達人技その2
「自分が住んでいる地域のごみ分別・リサイクル方法を知る!」

住んでいる市町村によって、ごみの分別・リサイクルの方法がちがいます。どの市町村も、分別表などを作成していると思いますので、さがして確認してみましょう。わかりにくければ、市町村で、はたらいている人に、質問をしたり「ここはわかりにくい」とアドバイスしたりすることも重要です。その意見を参考に、改善してくれることもあると思います。また、どのようにリサイクルしているかがわかることで、納得して、適切に分別する気持ちになると思いますので、気になることがあれば調べて、近くの大人に質問してみてください。

◎達人技その3
「分別しやすいようにくふうする!」

ごみの素材と分別・リサイクル方法がわかったら、出る量や場所などに応じて、家や学校に分別容器・箱を置いてみてください。何を分別して入れる容器・箱なのか、わかりやすく絵や写真をはりつけたり、まちがいやすいものや注意点をかきこめるようにしておいたりしてもよいでしょう。そして、家族やクラスメートに協力してもらえるように、しっかり説明してください。

さあ、技のポイントを伝授しましたが、ほかにもヒントやかくし技（世界の技!?）などが満載です。読みすすめていただき、全部読みおわったら、実際に技をためしてみてくださいね。

浅利美鈴

もくじ

はじめに………2

はじめよう！　ごみゼロ大作戦！………5

リサイクルって、なあに？………6

達人の極意　リサイクルとは………8

教えて！達人　アルミ缶がリサイクルされるまで………10

教えて！達人　何がリサイクルできるのかを知る　ごみの分別………12

教えて！達人　リサイクルの方法を知る①　マテリアルリサイクル………14

教えて！達人　リサイクルの方法を知る②　ケミカルリサイクル………16

教えて！達人　リサイクルの方法を知る③　サーマルリサイクル………18

教えて！達人　ものの一生を考える………20

ごみゼロ新聞　第6号………22

リサイクルの達人たち………24

1　福岡県北九州市　北九州エコタウン事業………26

2　徳島県勝浦郡上勝町　日比ヶ谷ごみステーション………28

3　山形県長井市　レインボープラン………30

4　飲料メーカーの取りくみ………32

5　太平洋セメント株式会社　エコセメント………34

6　文房具メーカーの取りくみ………36

7　イオン株式会社　スーパーの取りくみ………38

海外の取りくみ　台湾………40

みんなでチャレンジ！　リサイクルミッション①　段ボールコンポストをつくろう………42

みんなでチャレンジ！　リサイクルミッション②　エコラベルかるた………44

Rの達人検定　リサイクル編………46

さくいん………47

はじめよう！ごみゼロ大作戦！

ぼくは「Rの達人」。
「R」とは、ごみをゼロにする技のこと。
長年の修行によって、たくさん身につけた
「Rの技」を、これからきみたちに伝授する。

さあ、めざせ！Rの達人！

いっしょにごみをふやさない社会をつくろう。

「Rの技」

リデュース Reduce
リユース Reuse
リサイクル Recycle
リフューズ Refuse
リペア Repair
レンタル＆シェアリング Rental & Sharing

この本の本文には、環境にやさしい再生紙とベジタブルインキを使用しています。

きみたちは、「リサイクル」ということばを、きいたことがあるかな。
じつはみぢかなものが、たくさんリサイクルされているのだ。

リサイクルって、なあに？

〜達人の極意〜

リサイクルとは

ごみを
原料にもどして、
くりかえし使う
こと。

原料にもどすってどういうこと？

たとえば、アルミ缶を細かくくだいて、どろどろにとかすと、アルミ缶の原料のアルミニウムにもどる。それを「原料にもどす」という。

アルミ缶を集める
くだいてとかす
原料にもどす
新しいアルミ缶ができる

アルミニウムからどうやって新しいアルミ缶をつくるの？

よし、アルミ缶がリサイクルされるようすを、見てみよう！

アルミ缶がリサイクルされるまで

アルミ缶はどうやって新しい缶に生まれかわるのかな。じっさいにリサイクルしているようすを見てみよう。

1 アルミ缶を集める。

2 集めたアルミ缶を、細かくくだき、ごみなどを取りのぞく。

6 うすくひきのばしたアルミニウムは、製缶工場へ運ばれ、新しいアルミ缶になる。

古いアルミ缶から、ぴかぴかの缶ができたね！

3 炉で熱して、塗装を落とす。

4 アルミ缶を高温でとかしたあと型に流しこんで、アルミニウムのかたまりにする。

5 アルミニウムを板状にうすくひきのばす。

これが、アルミ缶が原料にもどった状態だ。

アルミニウムの原料

アルミ缶の原料のアルミニウムは、ボーキサイトという鉱石からつくられます。ボーキサイトから、アルミニウムを取りだすためには、たくさんの電気がひつようです。アルミ缶をリサイクルすることで、ボーキサイトからアルミニウムをつくるときの3パーセントほどの電気で、アルミニウムをつくることができます。

ボーキサイト
ボーキサイトは、薬品でとかしたあと、電気で分解して、アルミニウムにする。

教えて！達人
何がリサイクルできるのかを知る
ごみの分別

きみたちのまちのごみの分別表を見てごらん。もやすごみ、もやさないごみのほかに、「資源物」とかいてあるのがわかるかな。資源物は、回収して、リサイクルするための資源のことだ。

ごみの分別方法は、市町村によってちがうから、自分の住んでいるところが、どんなふうにごみを分別しているのか、よく確認してみよう。

資源とごみの分け方

もやすごみ：紙くず、紙おむつ、生ごみ、よごれたプラスチック

もやさないごみ：金属、小型家電、陶磁器、ガラス

資源物：びん、缶、ペットボトル、プラスチック製容器包装、古紙

有害ごみ：蛍光管、電球、乾電池

こんなに細かく分けて回収しているんだね。

> 分別して回収するためにこんなマークがついているものもあるのだ。

リサイクルのためのマーク

いろいろな容器包装には、分別して回収するための「識別表示マーク」がついているものがあります。

識別表示マーク

アルミ缶

スチール缶

紙製容器包装

プラスチック製容器包装

ペットボトル

このマークがついているものは、すてないでリサイクルしよう。

> リサイクルしてつくったものにつけるマークもあるんだよ。

> 「グリーンマーク」や「Rマーク」っていうのは、リサイクルした紙でつくったってことね。

リサイクルの方法を知る①
マテリアルリサイクル

アルミ缶のように、細かくくだいたり、とかしたりして原料にもどすリサイクルを「マテリアルリサイクル」という。分別して集められた資源は、いったいどんなものにリサイクルされるのかな。

スチール缶

炉でとかして、原料の鉄にもどされる。鉄は再生しやすく、缶以外にもいろいろなものにリサイクルされている。

鉄骨

スチール缶

車や家電などの金属部品

紙

水に入れてまぜ、ほぐしたあと、薬品でインクを取りのぞいて、新しい紙の原料の古紙パルプになる。

紙製容器

新聞紙・雑誌

段ボール

ティッシュペーパー・トイレットペーパー

紙以外のものへのリサイクル

たまごやくだものなどを入れるトレイ

家畜小屋のゆかにしくもの

紙は、くりかえしリサイクルして強度が低くなってくると、紙以外のものにリサイクルされるのだ。

14

いろいろな種類のプラスチック

石油を原料とするプラスチックにはたくさんの種類があります。それぞれちがった性質をもっているので、マテリアルリサイクルをするためには、同じ種類のプラスチックだけを集めなければならないこともあります。

これ、ぜーんぶプラスチック。同じ種類どうしでまとめるよ。

PET樹脂 ペットボトルなど
ポリエチレン レジぶくろなど
ポリスチレン 衣装ケースなど
ポリプロピレン 食品トレイなど

びん

びんには、何度もくりかえし使える「リターナブルびん」と、一度しか使えない「ワンウェイびん」の2種類がある。ワンウェイびんは、細かくくだいてカレット（ガラスのくず）にして、新しいびんなどに再生する。

プラスチック

細かくくだいてフレーク（うすい破片）にしたり、フレークをとかしてペレット（小さなつぶにしたもの）にしたりして、新たなプラスチック製品をつくる。

びん
カレットをまぜたアスファルト

洋服などの繊維製品
文房具
食品トレイ
日用品

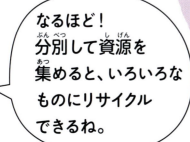

なるほど！分別して資源を集めると、いろいろなものにリサイクルできるね。

★「リターナブルびん」については **4 リユース** でくわしく説明しているよ。

教えて！達人 リサイクルの方法を知る②
ケミカルリサイクル

資源を化学的（ケミカル）に分解して、製品の原料としてリサイクルすることを「ケミカルリサイクル」という。

ペットボトルを、ふたたびペットボトルにリサイクルするときに、この、ケミカルリサイクルでできた樹脂が使われている。

再生ペットボトルができるまで

1

ペットボトルを回収し、圧縮してまとめたベールという状態にする。

> 日本のペットボトル回収率は、なんと、90パーセント以上。ものすごく高い回収率だね。

5

PET樹脂を使って新しいペットボトルをつくる。

2
細かくくだいて、キャップやラベルを取りのぞき、フレークにする。

3
特殊な液体をくわえて分解し、PET樹脂の原料をつくる。

4
原料から、PET樹脂をつくる。

ペットボトルからペットボトル用の樹脂をつくるケミカルリサイクルを行っている工場（ペットリファインテクノロジー株式会社）。

教えて！達人 リサイクルの方法を知る③
サーマルリサイクル

　紙やプラスチックのなかでも、よごれがひどいものなどは、ふたたび紙やプラスチックの原料として使うのがむずかしい。そこで、ものをもやす燃料にしたり、もやしたときに出る熱をエネルギーにかえたりして再利用することもある。これを「サーマルリサイクル」というよ。

ごみから固形燃料をつくる

原料
再生できない紙やプラスチックを集める。

ごみ固形燃料
不燃物を取りのぞいて、かためる。

発電施設など
燃料として使う。

ごみを燃料としてもやすと、もやす前よりごみの量は減るけれど、もえかすは、ごみとしてのこる。やっぱり、まず、ごみを出さないことを考えるのがだいじだね。

まいにちたくさんのごみをもやしているごみ処理場では、ごみをもやすときに出る熱や蒸気を、水をあたためたり、電気をつくったりするのに使っている。これも「サーマルリサイクル」だ。

ごみ処理場の熱を利用する

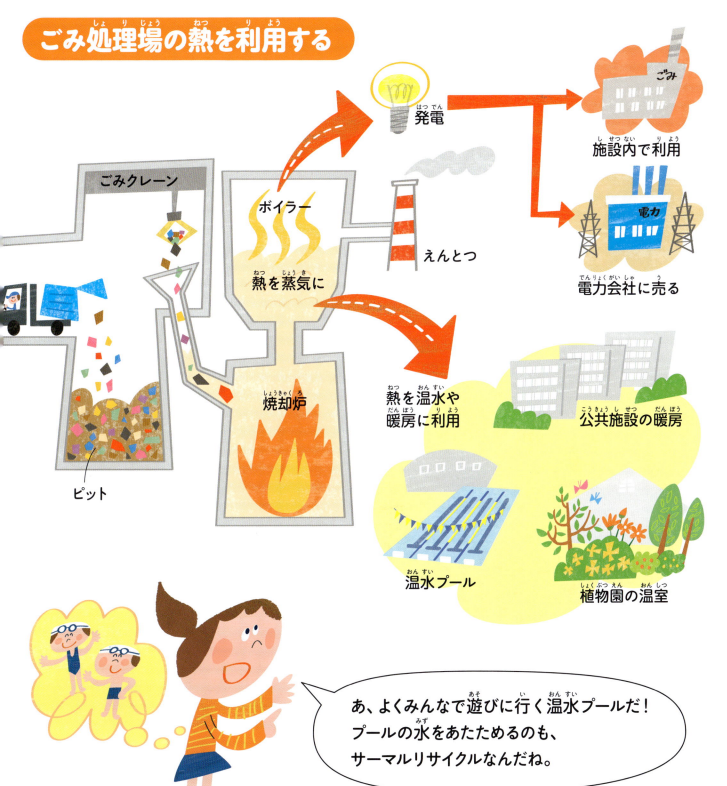

あ、よくみんなで遊びに行く温水プールだ！プールの水をあたためるのも、サーマルリサイクルなんだね。

ものの一生を考える

リサイクルには、リサイクルする前と、リサイクルしたあとのものの品質が、かわるものと、かわらないものがある。

アルミ缶のリサイクルのように、リサイクル前と同じ品質のものをつくることを「水平リサイクル」といい、紙のリサイクルのように、リサイクル前とちがうもので、品質が劣るものをつくることを「カスケードリサイクル」というんだ。

水平リサイクル

リサイクル前とリサイクル後で、ものの品質はかわらない。

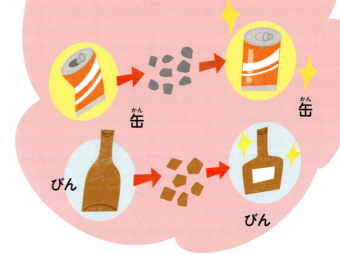

カスケードリサイクル

リサイクル前にくらべて、リサイクルでつくったものの品質はさがっていく。

新しい原料や、資源を使う量が少ないのは、水平リサイクルだよ。

ひとつの製品がつくられ、使いきって最後にごみになるまでの、ものの一生を「ライフサイクル」という。また、ライフサイクルが環境にあたえる影響を評価する方法を、「ライフサイクルアセスメント」といって、環境へのやさしさを考える基準になっているんだ。

土にかえるプラスチック

ふつうのプラスチックは時間がたっても分解しないため、すてられたときに土にかえることはありません。ところが、土の中の微生物のはたらきで、水と二酸化炭素に分解され、土にかえる特殊なプラスチックがあります。これを「生分解性プラスチック」といって、農業用のマルチフィルムや園芸用の育苗ポットなどに利用されています。このプラスチックを使った製品は土にかえるため、廃棄物の量を減らすことができるのです。

いっぽうで、ふつうのプラスチックよりも値段が高い、耐久性が低いなどの欠点があり、今後改善されることが期待されています。

生分解性プラスチックが分解されるようす。
6週間後

携帯電話は宝の山?

とれる場所や量が少ない貴重な金属を「レアメタル」といいます。レアメタルは、電子機器などをつくるときにかかせない金属で、その一部は、電子機器のリサイクルによってまかなわれているのです。

携帯電話のリサイクルも、そのひとつです。毎年、六百万台以上の携帯電話やスマートフォンがリサイクルされ、レアメタルが取りだされています。

紙パックもリサイクル!

1. 紙パックをきれいにあらう。

2. はさみできれいに切りひらく。
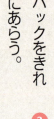

3. しっかりとかわかす。
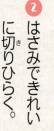

4. 回収ボックスに入れる。

回収・リサイクルにご協力を!
スマートフォン 携帯電話

古紙パルプ
ノート
リサイクルでつくられる
再生したプラスチック
かんきょうにやさしい

タブはつけたまま!
タブはとらずそのまま集めましょう
あき缶はリサイクル

ごみゼロ新聞 第6号

違法にごみをすてる「不法投棄」

不法投棄されたごみ。

工場や事務所から出るごみなどのことを「産業廃棄物」といいます。産業廃棄物は有害物質などをふくんでいることもあるため、自らの責任で処理や管理することが、法律で定められています。しかし、多くの工場や事務所は専門の処理業者にお金をはらって引きとってもらっています。処理業者は、中間処理施設という場所でごみのかさをへらし、最終処分場にうめたてているのです。

ところが、産業廃棄物を中間処理施設に運ばずに、山や河川敷などにこっそりすてる事業者や処理業者がいます。これを「不法投棄」といいます。処理にかかるお金と手間をはぶいて、もうけようとするのです。不法投棄される産業廃棄物の量は、毎年数万トンにものぼっています。不法投棄された産業廃棄物から発生する有害物質による汚染が問題となっている地域もあります。

達人のつぶやき

現代のきみたちのくらしは、どんなにがんばってもごみが出てしまう。だから、ごみを資源として再利用するリサイクルは、資源を有効に使えるとてもたいせつな取りくみだ。でも、リサイクルするのにはたくさんの資源やエネルギーを使うこともある。ライフサイクルアセスメントで（→21ページ）環境への影響を総合的に判断したら、ごみにしないリデュース（→2巻）や、原料にもどす手順のいらないリユース（→4巻）にはかなわないことが多いんだ。リサイクルはとても重要な取りくみだけど、リデュースやリユースするほうがリサイクルするよりも、ずっとたいせつなことなのだ。

Rリサイクルの達人たち

リサイクルに取りくんでいる地域や
企業などの活動のようすを見てみよう。

福岡県北九州市
北九州エコタウン事業
▶ 26ページ

徳島県勝浦郡上勝町
日比ヶ谷ごみステーション
▶ 28ページ

山形県長井市
レインボープラン ▶ 30ページ

太平洋セメント株式会社
エコセメント
▶ **34** ページ

文房具メーカーの
取りくみ
▶ **36** ページ

イオン株式会社
スーパーの
取りくみ
▶ **38** ページ

飲料メーカーの
取りくみ
▶ **32** ページ

海外の取りくみ
台湾
▶ **40** ページ

リサイクルの達人 ①

福岡県北九州市
北九州エコタウン事業

エコタウン事業とは、ごみをゼロにする「ゼロ・エミッション」をめざす取りくみです。さまざまなリサイクル工場を一か所に集中させることで、効率よいリサイクルを行っています。

北九州市エコタウンセンター

リサイクルについて学ぶために、リサイクル方法やリサイクルでつくられる製品を、パネルや実際の製品を使って解説している。また、いらなくなったものを使った工作教室や、リサイクル工場の見学なども行っている。

北九州エコタウン

実証研究エリア

廃棄物の処理や、資源のリサイクル、新エネルギーなど、最先端の環境技術の研究を行うため、大学や企業の研究施設が集まっている。

九州工業大学エコタウン実証研究センターでは、バイオマスプラスチック（石油ではなく植物や食品廃棄物を原料にしてつくったプラスチック）の製造とそのリサイクル方法などの研究を行っている。

総合環境コンビナート

家電やペットボトル、自動車などのリサイクル工場が集まっている。北九州市周辺の地域から回収された、資源物のリサイクルを行っている。

家電のリサイクル

エアコンやテレビなどの家電は、おもな部品を手作業で取りはずしたあと、機械で細かくくだいて金属やプラスチックを回収する。

ペットボトルのリサイクル

市町村で回収されたペットボトルを、繊維やたまごパックの原料となるペレットやフレークに再生する。

響リサイクル団地

地元の中小企業が中心となって、自動車や古紙のリサイクルなどを行っている。

その他のエリア

アルミ缶や古紙のリサイクルのほか、使わなくなったパソコンのリユース（→4巻）や、風力発電を行っている。

効率よく自動車のリサイクルを行うために、地元の自動車解体業者が集まっている。

使わなくなったパソコンをリユースするために、データ消去やクリーニングなどを行っている。

徳島県勝浦郡上勝町
日比ヶ谷ごみステーション

上勝町にはごみ収集車がありません。ごみは町の人たちがそれぞれに「日比ヶ谷ごみステーション」に持ちこみ、45種類に分別します。ごみは、およそ80パーセントがリサイクルされています。

45種類の細かい分別

上勝町では、ごみや資源を細かく13品目45種類に分けている。分け方がわからないものは、作業員にききながら、いっしょに分別することができる。

上勝町の資源分別ガイドブック。それぞれの資源の分別方法が、細かくかいてある。

古紙をしばる紙ひも
古紙をしばったままリサイクルできるように、ビニールひもではなく、牛乳パックをリサイクルしてつくった紙ひもでしばっている。

日比ヶ谷ごみステーション

生ごみは家庭で処理
上勝町では、ほとんどの家庭に、コンポストマシン（生ごみ処理機）が普及していて、生ごみからたい肥をつくり、自然にかえしている。

分別したごみの行き先がわかる

分別箱の上には、分別したごみが何にリサイクルされるのかがかかれている。自分たちが分別したごみの行き先を知ることで、リサイクルへの理解を深めることができる。

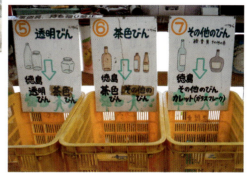

くるくるショップ

リサイクルのほかに、リユース（→4巻）をすすめるための取りくみもある。日比ヶ谷ごみステーションのなかにある「くるくるショップ」には、町の人たちが持ちこんだ洋服や家電、おもちゃなどの不要品がきれいにならべられている。不要品は、すべて無料で持ちかえることができ、月に100キログラム以上のものがリユースされることもある。

教えて！ 日比ヶ谷ごみステーションのこと

Q どうしてこのようなごみステーションをつくろうと思ったんですか？

A 上勝町ではかつて、ごみはもやして処理をしていました。しかし、灰をうめたてる場所が減ったり、焼却炉から有害物質が発生したりしたことが問題になりました。そこで上勝町は、できるかぎりごみを分別して「資源」として回収することを決めました。細かな分別をはじめると同時に、その資源の回収拠点を、町の中央に位置していた施設を再利用して使いはじめたのが、現在の日比ヶ谷ごみステーションです。

Q 今後は、どのように活動を広げていきたいですか？

A これまで上勝町では町内の焼却・うめたてごみをなくすべく、ごみのリサイクルやリユースに取りくんできました。今後はさらに、ごみの「リデュース（→2巻）」に力を入れていきたいと考えています。お店や企業、学校などと連携して、ごみにならない商品や、ごみを出さない人づくりに努めたり、ごみを出さないくらし方を提案するなど、ごみを生みださない取りくみをすすめていきたいです。

山形県長井市 レインボープラン ③

山形県長井市では、市民が中心となって生ごみをたい肥にしています。このたい肥を使って育てられた農作物を、地域で販売します。このように生ごみが循環するしくみが「レインボープラン」です。

🗑 レインボープランのしくみ

生ごみは、市内にある収集所から市が運営するコンポストセンターに運ばれ、たい肥になる。市の協力農家では、このたい肥を使って、野菜などの農作物を育てている。

家庭から出た生ごみはよく水を切って、週2回、市内に約230か所ある収集所に集められる。

生ごみの流れ

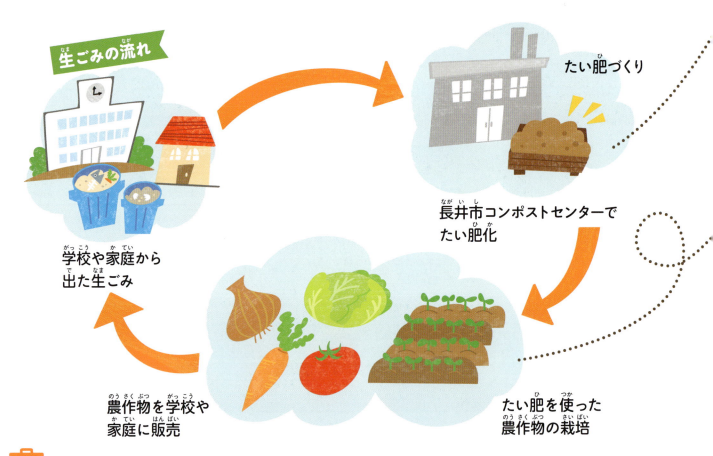

- 学校や家庭から出た生ごみ
- 長井市コンポストセンターでたい肥化
- たい肥づくり
- たい肥を使った農作物の栽培
- 農作物を学校や家庭に販売

たい肥づくり

生ごみをタンクに投入するようす。

生ごみをタンクに投入して、家畜のふんやもみがらと混ぜあわせ、約80日間かけて、たい肥にする。1年間に約600トンの生ごみと、約450トンの家畜のふんと、約200トンのもみがらから、約400トンのたい肥がつくられる。できたたい肥は、JA（農業協同組合）を通じて1トン2625円、10キログラム241円で、おもに市内の農家に販売されている。

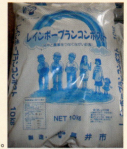
できたたい肥。

レインボープラン認証農産物

コンポストセンターでつくられたたい肥を使って栽培された野菜は、「レインボープラン認証農産物」として市内の直売所などで販売されているほか、学校給食などにも利用されている。

レインボープランでつくられた農作物には、この認証マークがついている。

ほかにもある　生ごみのリサイクル

大阪府大阪市にある超高層複合ビル「あべのハルカス」では、レストランやデパートから出る生ごみを利用して、熱や電気をつくることができます。専用の機械で細かくくだいた生ごみを発酵させて、「バイオガス（メタンガス）」とよばれるガスを発生させ、そのガスをもやすことで熱や電気を生みだすのです。
　生ごみからつくった熱や電気は、ビル内で使用します。あべのハルカスでは、このしくみによって1日に最大3トンの生ごみを処理することができます。

あべのハルカスのバイオガスを発生させる装置。

飲料メーカーの取りくみ

リサイクルの達人 ④

飲料メーカーでは、製造から販売までに使われる資源や、商品を使ったあとに出るごみの量を減らすために、さまざまなくふうをしています。ここでは、その一部を見てみましょう。

容器包装のくふう

再生ペットボトル

ペットボトルからふたたびペットボトルをつくる「ボトルtoボトル」でできた再生ペットボトルを使用した商品。

軽量化ペットボトル

軽量化することで、少ない原料でつくることができる。さらに、つぶしやすいため、回収するときのかさも減らすことができる。

うすくてはがしやすいラベル

原料の使用量やごみの量を減らすことができるうすいラベル。また、かんたんに分別できるように、はがしやすくなっている。

つめかえ

インスタントコーヒーの中身をつめかえ式にすることで、びんをくりかえし使用できる。

32

つくるときのくふう

🗑 飲みもののかすの利用

コーヒーやお茶をつくるときに出るかすを発酵させ、ガスを発生させる。それをもやして出た熱を、工場内で利用することで、エネルギーを節約している。

熱の利用の流れ

コーヒーや
お茶のかすが出る

細かくする

ガスが発生

発酵させる

飲みものをつくるとき
の熱として利用する

もやす

ガスをためておく

売るときのくふう

🗑 ヒートポンプ式自動販売機

エアコンなどにも使われているヒートポンプという技術を用い、つめたい飲みものをひやすときに発生する熱を利用して、あたたかい飲みものをあたためている。この技術で、使う電気の量をおよそ30パーセント減らすことができる。

ヒートポンプのしくみ

つめたい飲みものをひやすときに熱が発生するため、その熱を飲みものをあたためるのに利用している。

33

太平洋セメント株式会社
エコセメント

ごみをもやしてできた焼却灰をリサイクルすれば、うめたてられるごみの量を減らすことができます。太平洋セメントで販売しているセメント「エコセメント」は、焼却灰などのごみが原料です。

エコセメント

ふつうのセメントは、石灰石などを原料につくられているが、エコセメントは、焼却灰や下水汚泥などをおもな原料としてつくられている。ふつうのセメントと同じくらいの強度を生みだすことができ、耐久性もふつうのセメントとかわらない。焼却灰からエコセメントをつくることで、セメントをつくるのにひつような石灰石などの天然の原料の消費を減らしたり、最終処分場にすてられるごみを減らすことができる。

エコセメントができるまで

家庭からもえるごみが出る

エコセメントの利用例

道路の側溝やコンクリートブロックのような道路用製品のほか、建設用の生コンクリートなど、広く利用されている。

消波ブロック

道路の側溝

コンクリートのベンチやブロック

エコセメントを使ってコンクリート製品をつくる

教えて！ エコセメントのこと

Q エコセメントをつくるときに、いちばんたいへんなことはなんですか？

A エコセメントの工場で受けいれている焼却灰は、みなさんが食事をしたあとのごみをもやした灰が多いため、しょう油や塩からくる塩分を多くふくんでいるというとくちょうがあります。エコセメントの工場は、この塩分を取りのぞくために、通常のセメント工場とはことなる設備になっています。また、通常のセメントと同じ品質のエコセメントをつくるために、品質の管理にも配慮しています。

Q エコセメントの工場は、今後ふえていきますか？

A 最終処分場をふやしつづけることは、国土のせまい日本では非常にむずかしいことです。各地では今も最終処分場の寿命がせまっています。現在、エコセメントの工場は東京の多摩地域にしかありませんが、日本全国にエコセメント工場ができれば、最終処分場の寿命はおおいに延長されることでしょう。このように、エコセメントは日本の最終処分場問題解決のための、切り札となりうるものなのです。

ごみ処理場でごみをもやしたあとに焼却灰が出る

エコセメント工場で焼却灰をリサイクルしたセメントをつくる

エコセメント工場

焼却灰のなかにはダイオキシンなどの有害物質がふくまれていることがある。エコセメント工場では、焼却灰を1350℃以上の高温で処理するので、有害物質は完全に分解される。

東京たま広域資源循環組合エコセメント化施設は、多摩地域から出る焼却灰を原料に、エコセメントにリサイクルしている。生産されたエコセメントは太平洋セメントが販売している。

リサイクルの達人 ⑥ 文房具メーカーの取りくみ

わたしたちにみぢかな文房具でも、リサイクルで再生された原料を使った製品がつくられています。また、リサイクルだけでなく、環境にやさしい文房具を開発する取りくみも行われています。

再生された原料を使った文房具

ノート・ファイル

紙コップや牛乳の紙パックなどからつくった古紙パルプを利用してつくられている。ファイルのプラスチック留め具にも、再生したプラスチックが使われている。

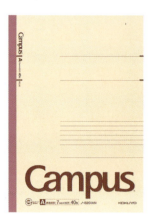

ノート　　ファイル

定規

ペットボトルなどに使われているPET樹脂をリサイクルした再生PET樹脂を100パーセント使用している。

粘着テープ

再生PET樹脂からつくった繊維が使われている。

シャープペン・ボールペン

部品に、再生したプラスチックが使われている。

修正テープ

本体に再生したプラスチックが使われている。中身をつめかえて使えるタイプもある。

環境にやさしい文房具

🗑 針なしステープラー

針を使わずに紙をとじるので、すてるときに、紙と針を分けるひつようがなく、そのままリサイクルできる。

🗑 おり紙カッター

チラシなどの不要になった紙を切って、おり紙をつくることができる。

🗑 磁気ボード

磁石の力で字や絵をかくことができる、よごれやごみが出ないホワイトボード。

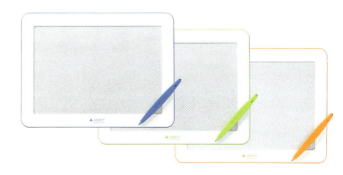

🗑 つめかえ用品

ボールペンや蛍光ペンのインクや、テープのりのカートリッジをつめかえて、くりかえし使うことができる。

蛍光ペンのインクのつめかえ。

テープのりのカートリッジのつめかえ。

環境にやさしくない「エコバツマーク」？

文房具メーカーのコクヨでは、商品カタログ上で、環境への配慮がかけている製品にバツを表示する「エコバツマーク」という制度を採用しました。この制度をはじめた2008年は、48パーセントの文房具にエコバツマークがついていましたが、マークのついた製品を減らす努力を続け、3年後の2011年には、エコバツマークのついた製品はなくなりました。

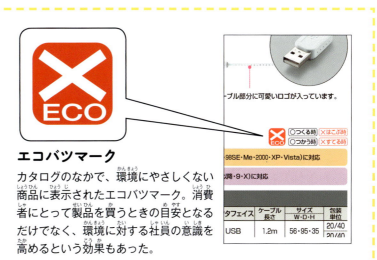

エコバツマーク

カタログのなかで、環境にやさしくない商品に表示されたエコバツマーク。消費者にとって製品を買うときの目安となるだけでなく、環境に対する社員の意識を高めるという効果もあった。

イオン株式会社
スーパーの取りくみ

店頭に回収ボックスを設置して資源のリサイクルをすすめたり、商品を運ぶとき、段ボールのかわりに何度も使えるリターナブルコンテナを取りいれたりして、環境に配慮した取りくみを行っています。

店頭での資源回収

イオンの店頭では、アルミ缶やペットボトル、牛乳などの紙パック、食品トレイの回収ボックスを設置している。回収した資源はリサイクル工場へ送られ、ふたたび資源として再利用される。

回収資源を自社ブランドの製品に利用

回収した資源からつくった再生原料の一部は、イオンのブランドである「トップバリュ」の原料の一部に使用されている。

アルミ缶

ペットボトル

紙パック

ガスレンジまわりの油はねガード

屋外用の通気口フィルター

トイレットペーパー

買物ぶくろ持参運動

お客さんにマイバッグを持ってきてもらう「買物ぶくろ持参運動」を行い、2010年以降のレジぶくろ辞退率は60パーセント以上。レジでの会計のあと、そのまま持ち帰れるマイバスケットの販売もしている。

マイバスケット

商品を運ぶときのくふう

商品を店頭に運ぶときに使用する段ボールの量を減らすために、くりかえし使える容器やハンガーを使用している。

野菜やくだものなどの食料品を、段ボールではなく、何度も使うことができるリターナブルコンテナに入れて運んでいる。

それまで輸送用と陳列用で分けていたハンガーを、一種類にすることで、ハンガーの使用量を減らしている。

使用済み油のリサイクル

おそうざいコーナーで使ったあげもの用の油は、捨てずに回収して、せっけんや肥料などにリサイクルしている。

せっけん　　肥料

リサイクルの達人 台湾

海外の取りくみ

台湾では、廃棄物清掃法という法律のもと、メーカーは、回収リサイクル税をはらうことになっています。この税金で、資源の回収やリサイクルの費用をまかなっています。

資源回収のための基金

台湾の廃棄物清掃法という法律で定められた、資源ごみの回収やリサイクルをする資金のことを「資源回収管理基金」という。基金の対象となる製品のメーカーは、基金に税金をはらう。この基金を利用して、資源ごみの回収やリサイクルが行われている。

基金制度の対象となる製品

容器包装や電池、自動車、タイヤ、蛍光管など、34品目に分けて、メーカーはそれらの回収・リサイクル費用を負担する。

アルミやガラス、紙などの容器

自動車・バイク・タイヤ

電池

パソコンなどのIT機器

家電

蛍光管・電球

資源回収管理基金のしくみ

家庭から出るごみ

市町村の回収

市町村から出るごみ

メーカー

回収・リサイクルのための税金を資源回収管理基金におさめる。

資源ごみの回収方法

台湾（台北市など）では、決められた場所・時間に、資源ごみともえるごみの収集車がやってきて、市民は、収集場所にごみを持ちこんで、その場で分別する。個人の家庭などから出た資源ごみは、自治体を通じて回収業者にわたることもある。さらに、回収業者は集めたものをリサイクル業者に買いとってもらう。

回収業者

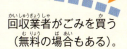
回収業者がごみを買う（無料の場合もある）。

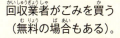
回収業者がごみを買う（無料の場合もある）。

製品・資源の流れ

お金の流れ

リサイクル業者がごみを買う。

リサイクル業者に補助金が支払われる。

資源回収管理基金
メーカーからおさめられた税金を台湾の環境省で管理し、リサイクル業者に支払う。

メーカーがお金を出して、リサイクル業者から再生資源を買いとることもある。

リサイクル業者

資源ごみのリサイクル

リサイクル業者は、回収業者から買った資源ごみをさまざまな原料にリサイクルし、メーカーに引きわたす。メーカーはこの原料から、再び製品をつくっている。

台湾では、およそ90パーセントの蛍光管が回収されている。

41

みんなでチャレンジ！
リサイクルミッション ①

段ボールコンポストをつくろう

生ごみを分解して、たい肥をつくることをコンポストといいます。
段ボールを使って、実際にたい肥をつくってみましょう。

用意するもの

段ボール
（みかん箱くらい
の大きさのもの）

二重底用の
段ボール板

腐葉土

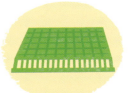
段ボールを置く台
（園芸用のかごなど）

スコップ

虫よけの布

布をとめる
ひもかゴム

つくり方

1 段ボールを組みたてる

段ボールの底をテープでとめて、底がぬけないように二重底用の段ボール板を入れる。

2 腐葉土を入れる

腐葉土を、段ボールの高さの、3分の2ぐらいの深さまで入れる。

3 設置する

雨や風があたらない場所で台の上に置き、虫よけの布をかぶせ、ひもかゴムでとめる。

使い方

1 よくかきまぜる

2 生ごみを入れる

3 上から土をかぶせる

4 虫よけの布をかぶせる

生ごみの処理がうまくいっているときは、段ボールのなかの温度が上がって、あたたかくなるのだ。

たい肥にするときは、最後に生ごみを入れた日から3週間ほどねかせて熟成させる。そのあいだ、週に1回、水を入れてよく混ぜる。

注意すること

- 投入する生ごみは、1日800グラム以下を目安にし、なるべく細かくしてから入れる。分解できないものもあるので、注意する。
- 土の中の空気がたりないと、においがすることがあるので、空気を送りこむために、スコップを深く入れてよくまぜるとよい。

分解しにくいもの

たまねぎの皮、とうもろこしの芯、落花生のからなど。

分解できないもの

貝がら、紙の容器、ラップなど。

分解しやすいもの

ごはん、パン、野菜くず、くだもの、天かす、魚、肉類、小麦粉など。

みんなでチャレンジ！
リサイクルミッション ②

エコラベルかるた

アルミ缶などの識別表示マークや環境にやさしい商品についているマークをエコラベルといいます。さまざまなマークを調べて、かるた大会を開いてみましょう。

1 かるたをつくる

店や本、インターネットなどで、エコラベルを調べたら、紙にマークの絵がらをかいて、絵札をつくる。読み札には、エコラベルの名前をかいておく。
かるたは、全部で30枚くらいつくる。

> かるたは、カレンダーやおかしの箱などの裏紙を使ってつくるとごみを減らせるよ。遊びおわったら、リサイクルしよう！

絵札のつくり方
- A4サイズぐらいの、大きな紙を使ってつくる。
- マークは、色や形がよく分かるように、サインペンなどを使ってはっきりとかく。

読み札のつくり方
- 紙を持ちやすい大きさに切る。
- エコラベルの名前をかく。
- 答えがわかるように、小さくエコラベルの絵をかいておく。

44

2 絵札をならべる

絵札をならべて、取り手は、絵札のまわりにすわる。準備ができたら、読み手は、読み札にかいてあるエコラベルの名前を読みあげる。

読み手は、大きな声ではっきりと読む。

絵札は、向きをそろえないでばらばらの向きに置いておくとよい。

3 絵札を取る

読み手が読みあげた札をさがして取る。すべての札を取りおわったとき、いちばんたくさんの絵札をとった人の勝ち。

優勝

5枚　　7枚　　3枚

お手つき
取る札をまちがえた人は1回休み。

同時に取ったとき
同時に取った札は、そのまま置いておく。

リサイクル編

さて、リサイクルのことがわかったかな？
検定問題にちょうせんだ！

問題1　リサイクルがたいせつな理由として、まちがっているのはどれ？

1. 減っている資源があるから
2. エネルギーの節約になるから
3. 新製品をつくる工場が減っているから
4. 資源をくりかえし使うことができるから

問題2　リサイクルの方法の説明について、正しいのはどれ？

1. マテリアルリサイクル：ものをそのまま利用する
2. ケミカルリサイクル：化学的に分解して利用する
3. サーマルリサイクル：暑い国で利用する
4. 水平リサイクル：リサイクル前とちがうものに利用する

問題3　リサイクルの例のなかで、まちがっているのはどれ？

1. 段ボールを、段ボールにリサイクルする。
2. ティッシュペーパーを、トイレットペーパーにリサイクルする。
3. 新聞紙を、新聞紙にリサイクルする。
4. おかしの紙箱を、紙箱にリサイクルする。

問題4　家庭ごみの分別・リサイクルについて、まちがっているのはどれ？

1. 住んでいる町によって分別・リサイクルのルールや方法がちがう。
2. 質問があれば、市町村に聞きにいくことができる。
3. 世界には、日本より分別・リサイクルが進んでいる国がある。
4. 都道府県が分別・リサイクル方法を決めている。

さくいん

この本に出てくる、おもな用語をまとめました。見開きの左右両方に出てくる用語は、左のページ数のみ記載しています。

あ
アルミ缶 ……………… 6、9、10、13、14、38
アルミニウム ……………………… 9、10
エコセメント …………………………… 34
エコバツマーク ………………………… 37
エネルギー ………………… 21、23、33

か
カスケードリサイクル ………………… 20
家電 ……………………………… 12、27
紙製容器包装 …………………………… 13
紙パック ………………… 20、22、36、38
カレット ………………………………… 15
グリーンマーク ………………………… 13
ケミカルリサイクル …………………… 16
固形燃料 ………………………………… 18
古紙 ……………………………… 12、28
古紙パルプ ……………………………… 14

さ
サーマルリサイクル …………………… 18
識別表示マーク ………………………… 13
資源回収管理基金 ……………………… 40
資源物 …………………………………… 12
焼却灰 …………………………………… 34
水平リサイクル ………………………… 20
スチール缶 …………………… 7、13、14
生分解性プラスチック ………………… 22

た
たい肥 …………………………… 28、30
段ボール ………………………… 14、38
鉄 ………………………………………… 14

な
生ごみ …………………………… 12、28、30

は
廃棄物清掃法 …………………………… 40
ヒートポンプ …………………………… 33
不法投棄 ………………………………… 23
プラスチック …………………… 12、15、18
プラスチック製容器包装 ……………… 12
フレーク ………………………… 15、17、27

分別 ………………………… 12、14、28、32
文房具 …………………………… 15、36
PET樹脂 ………………………… 15、16、36
ペットボトル ……………………………
…………………… 12、16、20、27、32、36、38
ペレット ………………………… 15、27
ボーキサイト …………………………… 11

ま
マテリアルリサイクル ………………… 14

ら
ライフサイクル ………………………… 21
ライフサイクルアセスメント ……… 21、23
レアメタル ……………………………… 22

Ｒの達人検定　46ページの答えと解説

問題1　答え：3
リサイクルをして同じ資源をくりかえし使うことで、減りつづけている資源を節約できます。また、新しい原料からつくるより、使用するエネルギーを節約できる場合もあります。しかし、新製品の方が安い場合などもあり、かならずしもリサイクル製品が多くつくられているわけではありません。

問題2　答え：2
14～19ページを読んで復習しましょう！

問題3　答え：2
1、3、4は、ほぼ同じ素材にリサイクルされる例です。トイレットペーパーは、牛乳パックや上白紙などからカスケードリサイクルでつくられます。ティッシュは、使いすてで、マテリアルリサイクルされることはほとんどないと考えられます。

問題4　答え：4
少しむずかしい問題です。日本では、家庭から出たごみは市町村が責任を持って管理することになっており、分別・リサイクル方法も、市町村が決めています。3については、いろいろな意見がありますが、分別・リサイクルしている割合などをくらべると、日本より進んでいる国もあります。

⑥ リサイクル

監修 ● 浅利美鈴 あさりみすず

京都大学大学院工学研究科卒。博士（工学）。京都大学大学院地球環境学堂准教授。「ごみ」のことなら、おまかせ！日々、世界のごみを追いかけ、ごみから見た社会や暮らしのあり方を提案する。また、3Rの知識を身につけ、行動してもらうことを狙いに「3R・低炭素社会検定」を実施。その事務局長を務める。「環境教育」や「大学の環境管理」も研究テーマで、全員参加型のエコキャンパス化を目指して「エコ〜るど京大」なども展開。市民への啓発・教育活動にも力を注ぎ、百貨店を会場とした「びっくり！エコ100選」を8年実施。その後、「びっくりエコ発電所」を運営している。

装丁・本文デザイン●周　玉慧
ＤＴＰ●スタジオポルト
編集協力●山内ススム
イラスト●仲田まりこ、高藤純子
校閲●青木一平
編集・制作●株式会社童夢

写真提供・協力
３Ｒ活動推進フォーラム／ＡＧＦ／ＮＰＯ法人ゼロ・ウェイストアカデミー／ＰＥＴボトルリサイクル推進協議会／アルミ缶リサイクル協会／イオン株式会社／株式会社トンボ鉛筆／株式会社上勝開拓団／株式会社パイロットコーポレーション／上勝町役場／北九州市エコタウンセンター／近鉄不動産株式会社／公益財団法人古紙再生促進センター／コクヨ株式会社／サントリー食品インターナショナル株式会社／シヤチハタ株式会社／食品容器環境美化協会／太平洋セメント株式会社／東京たま広域資源循環組合／長井市／日本バイオプラスチック協会／広島県尾道市／ペットリファインテクノロジー株式会社

発行	2017年4月　第1刷 ©
	2022年1月　第3刷
監修	浅利美鈴
発行者	千葉 均
発行所	株式会社ポプラ社
	〒102-8519　東京都千代田区麹町4-2-6　8・9F
ホームページ	www.poplar.co.jp（ポプラ社）
印刷	瞬報社写真印刷株式会社
製本	株式会社難波製本

ISBN978-4-591-15355-0
N.D.C. 518 / 47p / 29×22cm Printed in Japan

落丁・乱丁本はお取り替えいたします。
電話（0120-666-553）または、ホームページ（www.poplar.co.jp）のお問い合わせ一覧よりご連絡ください。
※電話の受付時間は、月〜金曜日10時〜17時です（祝日・休日は除く）。
いただいたお便りは監修者にお渡しいたします。

本書のコピー、スキャン、デジタル化等の無断複製は著作権法上での例外を除き禁じられています。本書を代行業者等の第三者に依頼してスキャンやデジタル化することは、たとえ個人や家庭内での利用であっても著作権法上認められておりません。

P7186006

ごみゼロ大作戦！

めざせ！Rの達人 全6巻

監修 浅利美鈴

◆このシリーズでは、ごみを生かして減らす「R」の取りくみについて、ていねいに解説しています。

◆マンガやたくさんのイラスト、写真を使って説明しているので、目で見て楽しく学ぶことができます。

◆巻末には「Rの達人検定」をのせています。検定にちょうせんすることで、学びのふりかえりができます。

1. ごみってどこから生まれるの？
2. リデュース
3. リフューズ・リペア
4. リユース
5. レンタル & シェアリング
6. リサイクル

小学校中学年から　A4変型判／各47ページ

N.D.C.518　図書館用特別堅牢製本図書

ポプラ社はチャイルドラインを応援しています

18さいまでの子どもがかけるでんわ
チャイルドライン®
0120-99-7777
毎日午後4時〜午後9時 ※12/29〜1/3はお休み

電話代はかかりません
携帯（スマホ）OK

18さいまでの子どもがかける子ども専用電話です。
困っているとき、悩んでいるとき、うれしいとき、
なんとなく誰かと話したいとき、かけてみてください。
お説教はしません。ちょっと言いにくいことでも
名前は言わなくてもいいので、安心して話してください。
あなたの気持ちを大切に、どんなことでもいっしょに考えます。

チャット相談はこちらから